PETITES CAUSERIES

D'HISTOIRE NATURELLE

ONZIÈME SÉRIE. — Format g^d in-32

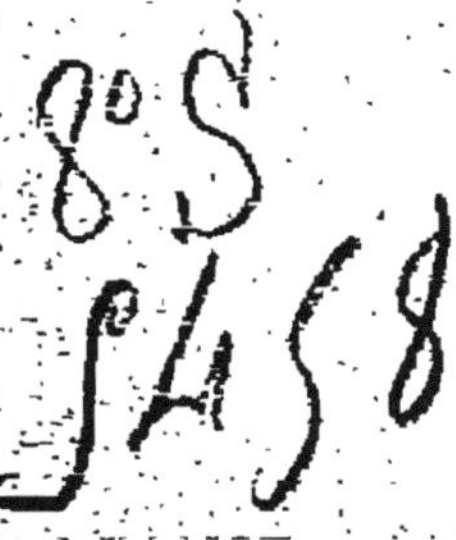

PETITES CAUSERIES

D'HISTOIRE

NATURELLE

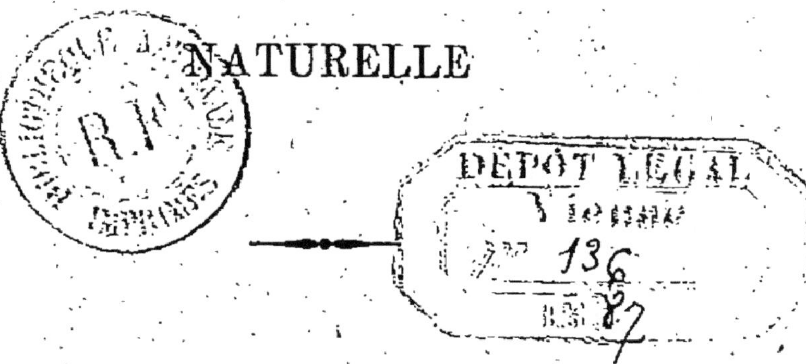

PARIS

H. LECÈNE ET H. OUDIN, ÉDITEURS

17, RUE BONAPARTE, 17

D'HISTOIRE NATURELLE

L'homme, le chien et le coq.

Vous vous imaginez sans doute, mes enfants, que je vais vous raconter quelque fable. Si vous désirez en lire, prenez La Fontaine ou Florian. Quant à moi, ce n'est pas mon affaire ; et,

au lieu de vous dire des
choses fabuleuses, je vou-
drais vous faire entendre
quelques bonnes vérités,
tout en vous montrant que
vous en savez déjà une
grande partie.

— Est-ce bien utile de
nous les dire, s'écrie l'un de
vous, si nous les savons
déjà?

— Sans aucun doute,
vous les savez, car il s'agit
de ce que vous voyez tous
les jours; mais vous n'y

avez pas assez fait atten-
tion.

Je vous demande de vous
représenter debout, là, devant vous, à côté l'un de
l'autre, un homme, un
chien et un coq. Je vous
vois déjà embarrassés. Pour
le chien et le coq, cela
n'est pas difficile; mais
l'homme, comment faut-il
se l'imaginer? Sera-ce un
ouvrier en blouse et en cas-
quette, un bourgeois en re-
dingote et portant chapeau,

un militaire en uniforme ?

Oui, je conçois que cela peut vous faire hésiter. Cela tient à la variété des vêtements que les hommes s'imaginent de porter. C'est bien plus simple pour nos deux bêtes. L'une est couverte de poils, l'autre de plumes. Cela pousse tout seul sur leur peau. Il est vrai que l'homme n'est pas naturellement si bien couvert. Mais comme il est bien plus avisé, il se fait

Un Chien (20 fois plus petit que nature). — C'est un animal à quatre pattes; son corps est couvert de poils ; ses mâchoires sont armées de dents ; il a cinq doigts aux pattes de devant, quatre à celles de derrière, et son corps est terminé par une queue mobile dans tous les sens; il est soutenu par des os que ses chairs enveloppent.

lui-même des vêtements, et naturellement il les prend à son idée. Néanmoins, sous tant d'habits différents, le corps humain est toujours le même ; ne songez qu'à lui et regardez avec moi les membres de l'homme et des deux animaux.

Voyez-vous que l'homme et le coq marchent tous deux, l'un à deux pieds, l'autre à deux pattes? Pieds ou pattes, le nom n'y fait rien. L'homme et le coq

marchent avec deux mem-
bres seulement. Et le
chien ? — Il marche, lui, à
quatre pattes.

Mais si vous lui faisiez
faire le beau et que ce fût
un chien savant, il se dres-
serait et se tiendrait à son
tour sur deux pattes. Cela
le fatiguerait beaucoup, et
il serait bien content dès
qu'il pourrait reprendre sa
position naturelle. Il est
donc évident que le chien
est *quadrupède*, tandis que

l'homme et le coq sont des *bipèdes*.

Cependant ils ont tous deux quatre membres aussi bien que le chien. Ce sont les bras chez l'homme ; chez le coq ce sont des ailes. Les hommes réservent les bras pour travailler, pour prendre tout ce qu'ils veulent saisir, pour se défendre si on les attaque. Voilà pourquoi il ne leur reste que deux pieds pour se tenir debout et pour marcher.

Un coq (10 fois plus petit que nature).
— C'est un animal à deux pattes ;
mais il a deux ailes : ce qui lui fait toujours quatre membres ; son corps est couvert de plumes ; ses mâchoires ne portent
pas de dents, mais sont armées d'un bec
en corne ; les pattes ont quatre doigts ; les
ailes sont pourvues d'une rangée de lon-
gues plumes ; le corps est terminé par une
queue très courte, ou croupion, portant un
panache de grandes plumes, il est soutenu
intérieurement par des os.

Les coqs n'ont pas nos bras, mais leurs ailes les soutiennent dans l'air lorsqu'ils le veulent. Marcher avec les deux pattes, voler avec les deux ailes, voilà deux allures fort différentes. Néanmoins cela fait toujours quatre membres.

Rien n'est plus utile pour instruire les enfants que des comparaisons de ce genre. C'est ce que l'on appelle *observer* les êtres de la nature ; et c'est ainsi

qu'on apprend à les connaî-
tre.

Comparez pour apprendre.

Voyons encore d'autres sujets de comparaison. Les deux *bras* de l'homme sont terminés chacun par une *main*, et cette main possède *cinq doigts*. De même, au bout des deux *jambes* se trouvent les *pieds*, où l'on compte aussi *cinq doigts*, comme aux mains.

De ces cinq doigts, il y

en a quatre où l'on compte
trois articles ou *phalanges* ; le premier n'a que
deux phalanges, c'est ce
que l'on nomme le *pouce.*

En est-il de même chez
le chien ? — Pas tout à
fait. Aux *pattes de devant*
il a aussi *cinq doigts*, dont
un *pouce* très petit, pas
assez long pour poser sur le
sol, lorsque l'animal marche
ou se tient debout. Mais aux
deux *pattes de derrière,*
il n'y a plus que *quatre*

doigts ; le chien n'a pas de pouce aux membres postérieurs. C'est là une première différence.

Il y en a d'autres encore. Ses doigts sont tous courts et ramassés ; ils ne lui permettraient de rien saisir comme nous le faisons avec les nôtres. Au lieu des ongles plats que l'on voit chez l'homme, le chien a des griffes, sortes de crochets cornés bons pour creuser la terre.

1*

Maintenant occupons-nous du coq. Ses deux pattes se terminent par *trois doigts* allongés et écartés. En arrière on aperçoit un *quatrième doigt* court et atteignant à peine le sol : c'est le *pouce*. Ainsi, chez le coq, il n'y a que *quatre doigts*, et ce n'est pas le *pouce* qui manque.

Le *bec* du coq est quelque chose de tout à fait particulier. Là où nous avons des *lèvres* souples et qui remuent si bien, le coq a de la corne aux deux mâchoires. Son *bec* est formé de deux pièces appelées *mandibules* ; la plus grande et la plus longue est en haut. L'animal a beau ouvrir le bec : on ne voit rien qui ressemble aux *dents* dont la bouche est armée chez l'homme et chez le chien.

C'est là un trait caractéristique de tous les oiseaux : ils n'ont pas de dents, et chaque mâchoire

est recouverte de corne for-
mant la mandibule du bec.

Jetons les yeux sur la
gueule du chien. A coup
sûr, elle ressemble plus à
la bouche de l'homme
qu'au bec de l'oiseau. Cette
gueule a des lèvres molles,
et pour peu qu'elle soit ouverte, on y aperçoit des
dents. Elles sont nom-
breuses : les unes assez
petites, les autres très gros-
ses. Vous remarquerez surtout quatre dents qu'on a

coutume d'appeler les *crocs*
du chien. Ainsi cet animal
a des dents aussi bien que
l'homme ; mais elles sont
inégales, et les plus fortes
sont de très bonnes armes
pour mordre. Il se défend
et il attaque avec ces dents,
ce que l'homme ne fait pas,
car il a ses mains et les
armes qu'il sait se fabriquer.

En terminant, remar-
quez que l'homme, le chien,
le coq ont un trait de res-
semblance très important.

Leur corps est charnu avec des os qui le soutiennent intérieurement. Il n'en est pas de même chez tous les animaux.

L'enfant et le hanneton.

Un hanneton ! Tous vos souvenirs s'éveillent à ce seul nom. Vous vous voyez déjà attachant un fil à l'une des pattes du malheureux, et attendant avec impatience le moment où il s'envolera ! Quelle joie lors-

que, retenu par le brin de
fil, il tournera autour de
vous avec un bourdonne-
ment monotone !

Je conçois que cette lutte
de la pauvre bête vous
amuse quelque temps. Mais
n'y a-t-il pas mieux à faire?
Regardez du moins le pau-
vre insecte ; observez-le ;
comparez-le avec vous-mê-
me. C'est un autre genre
d'amusement. Celui-là vous
sera utile et ne fera souf-
frir personne.

Profitons de ce qu'il se
repose tranquillement, pour

Tête.........

Corselet....

Abdomen...

Un hanneton (longueur réelle : 25 milli-
mètres). — C'est un insecte ; son corps
est corné, dur et sec au dehors ; on y
distingue trois parties ou avant, la tête
portant deux cornes ou antennes et deux
gros yeux ; ensuite le corselet auquel sont
fixées trois paires de pattes et deux paires
d'ailes ; à la suite est le ventre ou abdomen.

voir comment il est confor-
mé. Nous apercevons tout

d'abord en lui un gros corps de couleur rousse. En avant est une partie plus foncée et plus petite. Enfin celle-ci est précédée d'une tête bien reconnaissable à ce que les enfants ont l'habitude d'appeler les cornes du hanneton. En y regardant d'un peu près, vous distinguerez de chaque côté un gros œil noir et brillant. Remarquez-le tout de suite : il résulte de ce que vous venez d'observer, que le corps du hanneton se compose de trois parties. Mais n'en est-il pas de même de votre corps, si l'on ne considère que le tronc, en laissant les membres de côté ? Il y a d'abord la tête, puis la *poitrine* ou *thorax*, enfin le *ventre* ou *abdomen*. Le corps du hanneton n'a pas, il est vrai, les formes du vôtre ; mais il a la même composition : *tête, thorax* et *abdomen*.

Voyons maintenant autre

chose. En dessous du corps s'attachent six pattes, trois de chaque côté. Ici l'insecte est plus riche que vous, car vous n'avez que quatre membres. Mais il y a bien mieux : il a des ailes ! Vous le savez bien, puisque, avant d'être tranquillement posé, il volait sous vos yeux. Alors on distinguait facilement qu'il a quatre ailes attachées sur le dos. Maintenant il les tient repliées et fermées.

Telle est la conformation générale de notre hanneton. Mais il présente encore quelque chose de singulier. Tout son corps est sec et corné à l'extérieur. Ses membres surtout sont durs et comme desséchés. Cela ne ressemble en rien à votre peau flexible, recouvrant des chairs moelleuses et arrondies. Tous les insectes sont ainsi faits ; leur corps est pour ainsi dire revêtu d'une cuirasse mince

et délicate. D'autres animaux encore sont cuiras-
sés de cette façon. Vous
rappelez-vous avoir vu quelque fois une écrevisse ? Cet
animal vit toujours dans
l'eau ; cependant il a la
peau dure et résistante.
Mais dans de tels animaux
n'y a-t-il donc pas de chairs?

— Si fait, elles sont en
dedans de la cuirasse ex-
térieure.

C'est tout l'inverse chez
vous. Ce qu'il y a de dur

dans votre corps, ce sont les *os*, et votre chair les entoure au lieu d'y être, renfermée. Le chien et le coq sont, à cet égard, faits comme nous et ne ressemblent pas aux insectes.

Le chien et le mouton.

Il y a dans les campagnes trois êtres qui vivent ensemble : c'est le berger, le chien et le mouton. Quand je dis le mouton, je devrais dire les moutons,

car ils vivent en troupeau.
Quelquefois même le trou-
peau est assez nombreux
pour qu'il faille plusieurs
chiens. Mais il n'y a jamais
qu'un seul berger. Celui-ci
est le maître ; il gouverne
et dirige chiens et moutons
Vous rappelez-vous, sur la
fin de l'été, avoir vu sou-
vent de pareils troupeaux
établis sur les champs
moissonnés? Le berger a sa
petite maisonnette où il se
réfugie pour la nuit. Or-

dinairement elle est montée sur de petites roues, car le troupeau se déplace fréquemment, et il faut se déplacer avec lui.

Voilà un homme et un ou plusieurs chiens qui se donnent bien du mal pour que les moutons se régalent d'herbe ! Mais, eux-mêmes, ils ne mangent pas de l'herbe comme les moutons. Le berger, c'est un homme, et nous savons qu'il se nourrit de légumes, de fruits et de viande. De quoi vivent donc les chiens? Ils gardent les moutons ; Ils les défendent au besoin ; mais pour manger de l'herbe, cela leur est impossible.

Prenez donc la peine de considérer la gueule d'un chien et la bouche d'un mouton. Quelle différence ! Comme la gueule du chien est largement fendue ! Comme elle s'ouvre au besoin pour mordre ! et

l'on voit alors les dents re-
doutables dont elle est
armée ! Ce n'est pas pour
brouter de l'herbe que tout
cela lui a été donné. C'est
bon pour la bouche petite et
resserrée du mouton.
L'herbe qui se présente im-
mobile sur les champs est
saisie sans peine. La gueule du chien est faite au
contraire pour happer de
gros morceaux de viande ;
ses dents les déchireront,
et d'un vigoureux mouve-

ment de tête la bête enlèvera le morceau.

Il y a ainsi, dans la nature, des animaux construits pour vivre d'herbe, de bourgeons et de feuilles ; d'autres, au contraire, sont conformés pour se repaître de chair. Ils ne peuvent, à leur fantaisie, changer de régime. Ils ne peuvent, comme nous, après un morceau de bœuf, manger des feuilles de salade ou un plat d'épinards. Depuis

lecommencementdumonde,
les moutons et les brebis
mangent de l'herbe, tandis
que les chiens se nourrissent
de viande. Les premiers sont
des *animaux herbivores*
et les seconds des *animaux
carnivores*. Ainsi le veut
toute leur conformation.

La pêche, le pois, la pomme de terre.

Quel beau fruit qu'une
pêche! Sa forme arrondie,
la belle couleur rouge de

sa pelure et surtout sa chair sucrée et juteuse en font un régal des plus appétissants. Aussi ne suis-je pas surpris que votre première idée, en la voyant, ne soit de la manger. Mais moi je vous demande un peu de patien· ce. Causons d'abord à son sujet. Voyons comment elle est faite. Après, vous serez libres de la savourer à votre aise. Tandis que si nous commençons par là, nous ne pourrons plus l'examiner ensemble.

Sachez d'abord que ce beau fruit provient d'une jolie fleur semblable à une petite rose sauvage. Au printemps, les pêchers sont couverts de ces fleurs d'un rose tendre. Ils offrent alors le plus riant aspect. Rien n'est plus beau que nos vergers et nos jardins fruitiers, à cette première époque de l'année qui couvre de fleurs les pêchers, les abricotiers, les pruniers, les cerisiers, les pommiers et les poiriers.

Une pêche encore attachée à la branche. Fleurs de Pêcher,

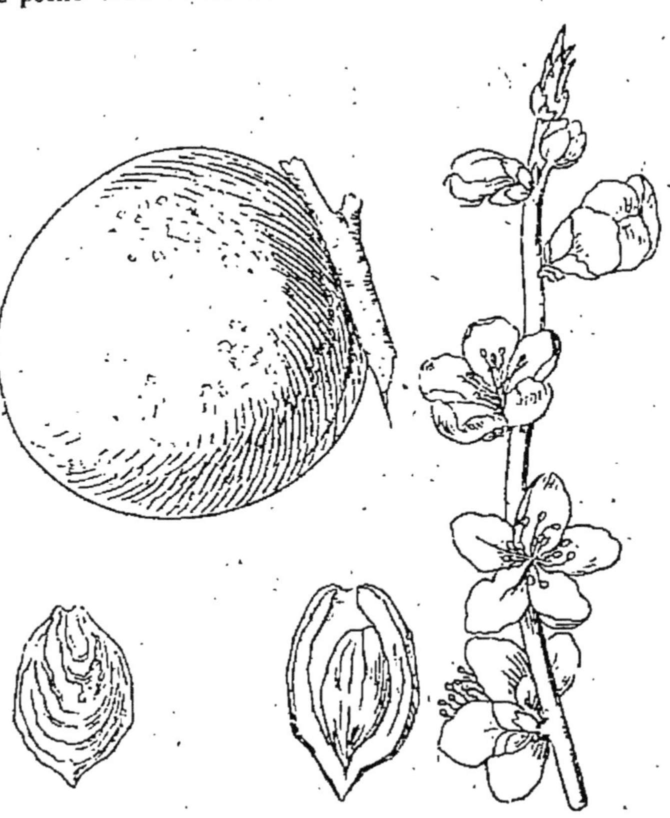

Noyau intact.   Noyau ouvert
                   montrant son amande.
Ces quatre figures sont 2 fois moins grandes que nature,

Puis les fleurs se flétrissent et produisent les fruits, les pêches, par exemple, qui sont mûres en plein été.

Notre pêche est recouverte d'une *pelure* molle et veloutée. Vous l'ôterez pour la manger; enlevons-la tout ce suite. Alors nous apercevons la *chair du fruit*. Coupons-la en deux moitiés. Au centre, nous trouvons le *noyau*. Il est rouge, et il porte de gros plis saillants. Avec la pointe d'un couteau nous parviendrons facilement à le fendre. Nous allons voir ce qu'il renferme. C'est assez l'habitude des enfants de casser leurs jouets, pour voir ce qu'il y a dedans. Ne serez-vous pas curieux de voir l'intérieur du noyau?

Le voilà ouvert. Il est creux et il contient quelque chose. C'est une amande. Retirons-la. Nous allons l'éplucher. Elle est humide, et nous retirons sans peine

sa pelure blonde. Ainsi dé-
pouillée notre amande parîat
magnifique. Elle est d'une
blancheur éclatante. Elle a
la forme d'un œuf aplati.
Regardez donc: à son extré-
mité pointue on distingue
une petite fossette. Au
fond est un petit corps blanc
et rond. Mais il est bien fa-
cile de voir complètement
ce que c'est, car notre amande se sépare d'elle-même en
deux moitiés qui ne tiennent
ensemble que par un bout.

Là justement nous pouvons
voir en entier ce petit corps
blanc que nous entrevoyions

Amande épluchée.

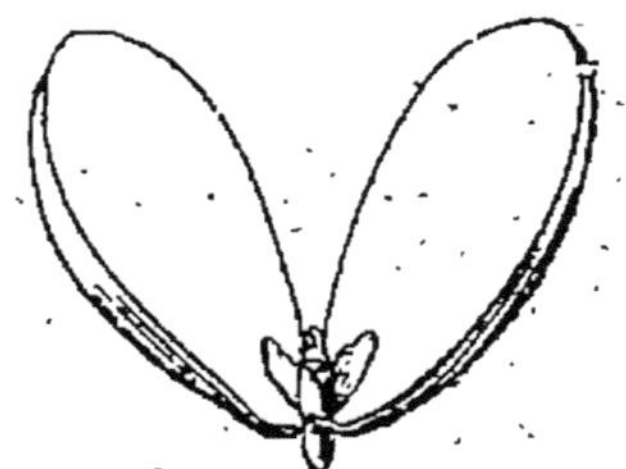

Amande ouverte (gran-
deur naturelle) mon-
trant le germe entre
les deux cotylédons.

tout à l'heure. On dirait un
petit poupon. Les deux moitiés de l'amande lui font

comme un berceau. Qu'est-
ce que ce peut bien être?

Comme vous avez bien at-
tentivement écouté tout ceci,
je vais vous le dire. Ce pré-
tendu poupon est réellement
le *germe* ou *plantule*; c'est
un tout jeune pêcher. Il est
là comme le poulet dans son
œuf lorsque la poule l'a
couvé. Seulement c'est le
soleil qui a échauffé la
pêche et y a fait venir ce
petit être; c'est le soleil qui
couve les fruits.

Le poulet avait auprès de lui le jaune qui le nourrit dans son œuf pendant les 21 jours de la couvaison. De même notre petit pêcher a pour se nourrir, quand le noyau germera, les deux moitiés d'amande entre lesquelles il est si bien logé. C'est ce que l'on nomme les deux *cotylédons*.

De ce que nous venons de voir ensemble il faut conclure que l'amande contenue dans le noyau de la pêche est une sorte d'œuf, que l'on appelle une *graine*. Voilà ce qu'on trouve dans tous les *fruits*. Tous renferment une ou plusieurs *graines*.

J'ai pris soin de vous apporter une *cosse de pois*. C'est aussi un fruit, mais vous ne serez pas tenté de le manger. Il est vert comme une feuille, et pas plus que moi vous ne mangez de l'herbe crue. Ouvrons notre cosse: ce n'est pas difficile:

nous y trouvons cinq ou six
pois. Vous allez voir que

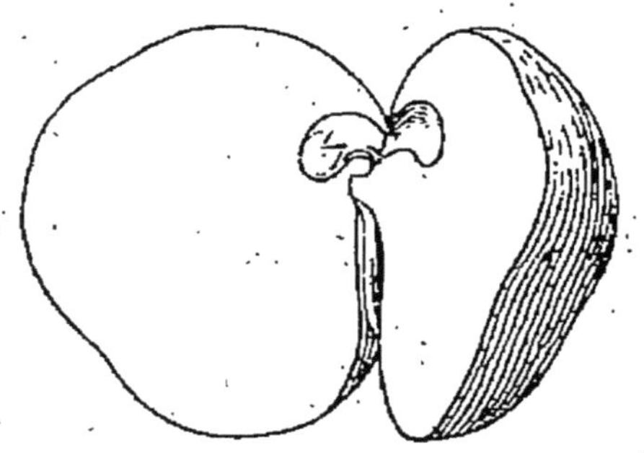

Pois épluché et ouvert (3 fois plus grand que
nature); on voit le germe entre les deux
cotylédons entr'ouverts.

chacun d'eux est une graine.
Il me suffira pour cela de
l'éplucher à son tour comme
l'amande de tout à l'heure.

Voici le pois dépouillé de sa pelure. Comme l'amande, il se sépare naturellement en deux moitiés réunies par un seul point. Là aussi nous trouvons un petit corps arrondi, mais courbé sur lui-même, un *germe* ou *plantule*. C'est un jeune pied de pois, comme nous avions tout à l'heure un jeune pêcher.

Ces cotylédons, destinés à alimenter le jeune pois quand il germera, sont tellement nourrissants que nous en mangeons communément, comme vous le savez. Cotylédons de *pois*, de *haricots*, de *fèves*, de *lentilles*, ce sont nos *légumes farineux*.

Voici maintenant une *pomme de terre*. Son nom ferait penser que c'est un fruit qui pousse dans la terre. Mais ici le nom vous trompe. Examinons-la d'abord extérieurement. Elle est couverte d'une mince pelure.

Puis on trouve à sa surface trois ou quatre légers enfoncements au fond desquels s'aperçoit un tout petit *bourgeon*, ce qu'on appelle un *œil*. Après avoir vu tout cela, nous pouvons chercher dans l'intérieur de la pomme de terre : nous n'y trouverons rien qui ressemble à une graine. Partout c'est une masse de fécule; en un mot, la pomme de terre n'est pas un fruit. Serait-ce une graine? — Pas davantage; car

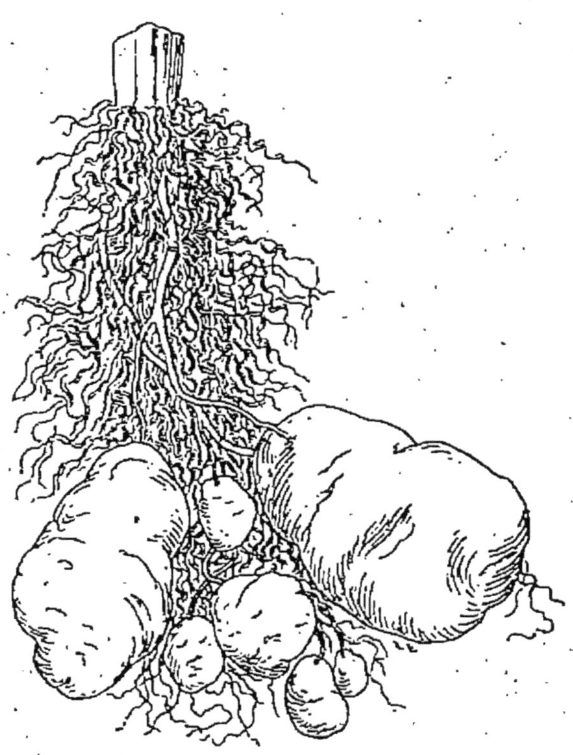

Pommes de terre (4 fois plus petites que nature, telles qu'on les trouve en terre, attachées à la souche de la plante ; deux sont bien développées, les autres sont en train de croître.

elle ne contient intérieurement ni germe, ni cotylé-
dons. De plus, elle porte des
bourgeons comme le ferait
une branche. Aussi ne l'ap-
pelle-t-on pas un fruit,
mais on lui donne le nom
spécial de *tubercule*. C'est
une branche souterraine
gonflée d'une énorme quan-
tité de fécule, qui au printemps nourrira et fera déve-
lopper ses bourgeons.

Ne pensez-vous pas que
ce petit examen de trois

objets naturels vous a appris beaucoup de choses ? Cela ne vous engagera-t-il pas à en examiner ainsi beaucoup d'autres que vous trouvez successivement autour de vous?

Les cailloux, la pierre et le fer.

Nous sommes venus nous promener dans ce bois, et nous voici arrivés au bord d'un ruisseau qui coule sous les herbes. L'eau est pure et transparente. Elle laisse apercevoir un lit de cailloux sur lequel elle glisse doucement. Il y en a beaucoup qui sont blancs. Que me répondriez-vous si je vous disais que ce sont des morceaux de sucre ? Vous ne me répondez pas et vous riez à gorge déployée, tant vous trouvez mon idée ridicule. — Du sucre au fond de l'eau ! Mais il serait fondu depuis longtemps. — Eh bien, serait-ce du

sel ? — Pas davantage,
nous aurions de l'eau salée
au lieu d'eau sucrée, car le
sel aurait fondu aussi.

Mais les cailloux ne fon-
dent donc pas ? — Non
certes ; voilà des années
que l'eau coule dessus ;
elle les a usés doucement
de façon à les arrondir ;
mais il n'en a pas fondu une
parcelle. Du reste, ces
mêmes cailloux sont très
difficiles à altérer. Ils ont
résisté à l'eau, ils résiste-

ront aussi bien au feu
Prenez-en une poignée, et
nous l'emporterons pour en
faire l'essai. Je vous garan-
tis d'avance que, mis dans
le fourneau de la cuisine ou
dans le foyer de la chemi-
née, ils en sortiront abso-
lument tels que vous les au-
rez mis. Ils sont donc faits
d'une matière qui ne s'al-
tère pas facilement. La plus
grande partie d'entre eux
sont formés de ce qu'on appelle de la *silice*. C'est une

matière dure. Elle se casse au choc, mais on ne l'écrase pas facilement.. Comme vous le voyez, ni le feu ni l'eau n'ont de prise sur elle.

Quelle différence avec la *pierre à bâtir !* Nous irons dans un chantier de tailleurs de pierre. Là vous verrez le sol tout couvert de pierrailles d'un blanc jaunâtre ; ce sont des débris du travail des ouvriers ; ce sont des fragments de pierre.

Les appellerez-vous des
cailloux ? — Non, sans
doute. Mettez-les dans
l'eau. Ils se mouilleront, et
l'eau se troublera de façon
à devenir bourbeuse. Pre-
nez quelques-uns de ces
fragments de pierre, et
mettez-les dans le feu
comme les cailloux de tout
à l'heure. Si le feu est
assez ardent, ils en sortiront notablement changés.
Chaque pierre aura pris
une couleur blanche , et

paraîtra d'une sécheresse extrême, car, si on la mouille, l'eau sera promptement absorbée. En un mot, la pierre à bâtir, réduite en pierraille, ne résiste ni au feu ni à l'eau, comme le font les cailloux.

Voici maintenant une clef que j'ai dans ma poche. En quoi est-elle? — En fer, vous hâtez-vous de répondre. — C'est vrai. Est-ce une matière semblable à la pierre et aux cailloux ? — Non pas ! c'est du *métal*, c'est du *fer*. Le fer est beaucoup plus lourd que la pierre et même que les cailloux. Il est froid au toucher ; mais il s'échauffe promptement lorsqu'on le tient dans la main. Il ne fond en aucune façon dans l'eau ; mais à la longue il se couvre de rouille, lorsqu'on l'expose mouillé à l'air.

Quant au feu, le fer lui résiste d'abord ; mais dans

un feu ardent, dans un brasier de c h a r b o n de terre il devient rouge et se ramollit. On peut alors le couper au couteau comme une sorte de fromage On peut le façonner à coups de marteau, comme une pâte compacte. Une fois refroidi, le fer est de nouveau raide, dur et résistant. Il a, en un mot, repris sa première nature.

Vous le voyez : rien

qu'avec de l'eau et du feu,
on peut, sur les minéraux,
tenter des essais curieux.
On reconnaît alors des dif-
férences importantes dans
leur manière d'être. On apprend peu à peu ce qu'ils
sont et à quels usages ils
peuvent servir.

C'est ainsi qu'il faut
observer, examiner, es-
sayer tout ce que vous
rencontrez. Il faut inter-
roger les personnes ins-
truites pour vous faire ex-

pliquer ce que vous ne comprenez pas. Vous vous préparerez ainsi à bien apprendre ce qui vous sera enseigné dans les années qui viennent.